FLORE

DE

LORRAINE

(MEURTHE, MOSELLE, MEUSE, VOSGES);

PAR D.-A. GODRON,

Docteur en Médecine et Docteur ès Sciences, Professeur à l'École de Médecine de
Nancy, Vice-Président de la Société royale des Sciences, Lettres et Arts, et
Conservateur des Collections d'Histoire naturelle de la ville de Nancy, Correspon-
dant de l'Académie royale de Metz et de plusieurs autres Sociétés savantes.

PREMIER SUPPLÉMENT.

NANCY,

IMPRIMERIE DE GRIMBLOT ET VEUVE RAYBOIS,
PLACE STANISLAS, 7, ET RUE SAINT-DIZIER, 125.

1845.

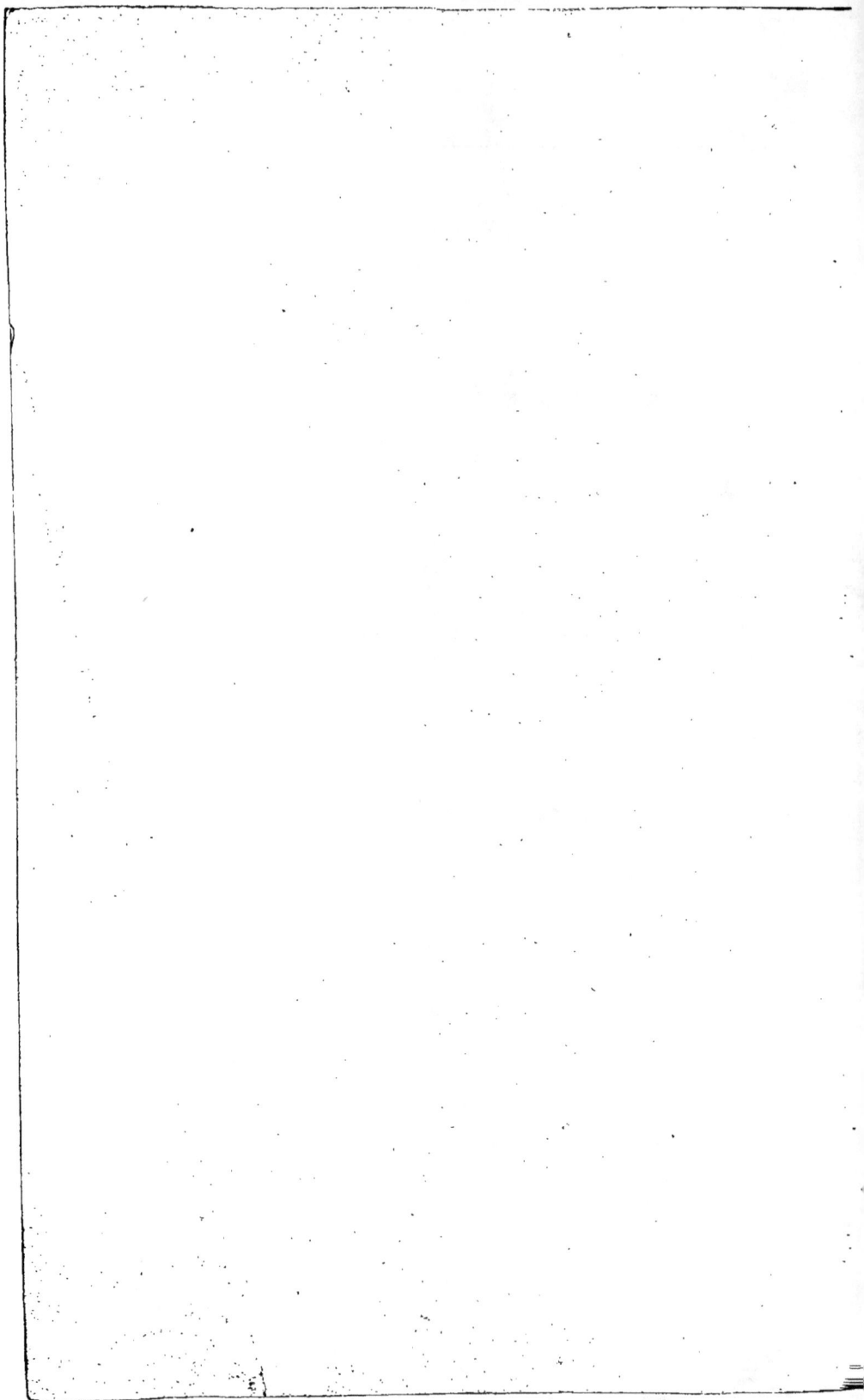

FLORE DE LORRAINE.

NANCY, IMPRIMERIE DE VEUVE RAYBOIS ET COMP.

FLORE

DE

LORRAINE

(MEURTHE, MOSELLE, MEUSE, VOSGES);

PAR D.-A. GODRON,

Docteur en Médecine et Docteur ès Sciences, Professeur à l'École de Médecine de
Nancy, Vice-Président de la Société royale des Sciences, Lettres et Arts, et
Conservateur des Collections d'Histoire naturelle de la ville de Nancy, Correspon-
dant de l'Académie royale de Metz et de plusieurs autres Sociétés savantes.

—

PREMIER SUPPLÉMENT.

NANCY,

IMPRIMERIE DE GRIMBLOT ET VEUVE RAYBOIS,
PLACE STANISLAS, 7, ET RUE SAINT-DIZIER, 125.

1845.

Ⓒ

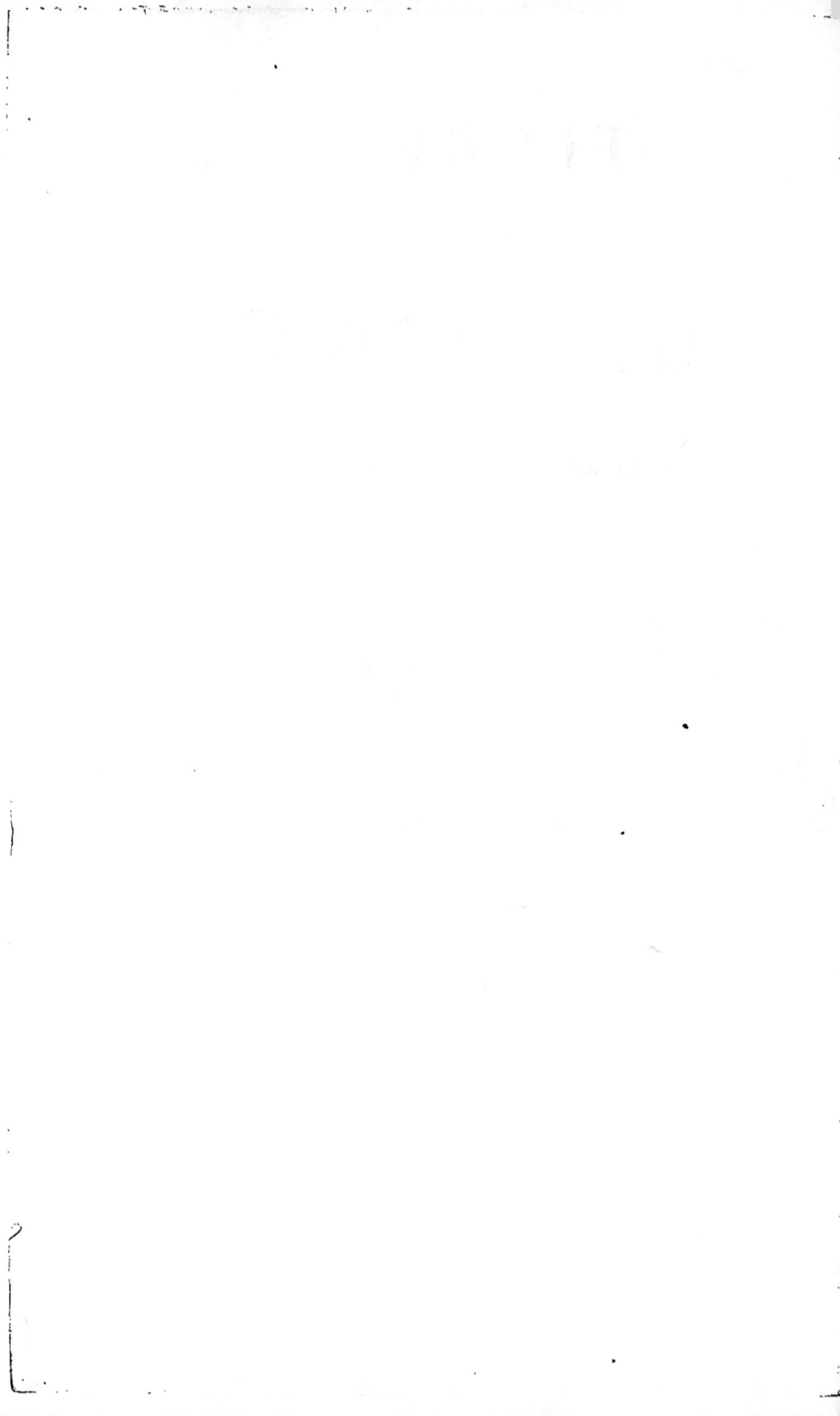

FLORE

DE LORRAINE.

Aucun ouvrage de botanique descriptive, n'embrassant même qu'une petite étendue de territoire, ne peut jamais être considéré comme complet ; chaque année amène presque nécessairement la découverte de plantes qui jusque là avaient échappé aux recherches; et par l'étude des espèces anciennes, on arrive à reconnaître des caractères nouveaux qui permettent de les différencier d'une manière plus tranchée. La publication de la Flore de Lorraine est à peine terminée depuis quelques mois, que déjà il est nécessaire d'y ajouter plusieurs espèces, et de faire connaître des observations ou rectifications relatives à quelques végétaux qui y ont été décrits. C'est là l'objet des considérations qui vont suivre.

GENRE VIOLA.

I. Quelques auteurs, à l'exemple de MM. Schimper et Spenner (*Fl. frib. p.* 1036), réunissent, sous le nom de *V. martii,* les *V. hirta, alba* et *odorata,* comme variétés d'une même espèce. Nous ne pouvons pas admettre cette manière de voir et nous sommes convaincu que les botanistes qui étudieront ces plantes dans les lieux où elles croissent toutes trois en société, comme cela se voit dans les bois des environs de Nancy, les considèreront comme espèces légitimes. Ils se convaincront par cet examen que les différences qui les séparent ne sont pas produites par la nature du sol, l'exposition ou les autres influences extérieures. Ils observeront en outre dans ces plantes des habitudes entièrement distinctes. Le *V. hirta* croît dans les bois ombragés tout aussi bien, et même a une végétation plus vigoureuse, que dans les bois découverts et persiste dans les mêmes lieux, quel que soit le degré de croissance de la forêt. Le *V. odorata* se plaît surtout dans les lieux couverts et ne voyage pas. Le *V. alba* a besoin d'air et de lumière et ne s'observe que dans les taillis de trois ou quatre ans, puis disparaît complétement des localités où il couvrait précédemment le sol, mais se retrouve plus loin, de telle sorte que la plante semble voyager dans les forêts qui s'exploitent par coupes réglées et qu'il est facile de prévoir pour chaque année dans quels lieux on doit la rencontrer.

Cette plante mériterait à juste titre le nom de *V. peregrina,* beaucoup meilleur que celui de *V. alba* qui peut la faire confondre avec la variété *alba* du *V. odorata*.

11. M. Koch, dans le *Flora oder botanicon Zeitung* 1841, fait remarquer que le *V. canina* se présente toujours dans les lieux exposés au soleil et jamais dans les bois ombragés ; mais que si, dans une forêt où croît le *V. sylvestris,* on fait une coupe, on voit apparaître bientôt des pieds de *V. canina* en si grande abondance, qu'il ne peut croire qu'ils proviennent de semences. Il soupçonne dès lors que le *V. canina* pourrait bien n'être qu'une modification du *V. sylvestris* produite par l'influence de l'action directe du soleil. Nous avons été à même d'observer les faits signalés par M. Koch, mais néanmoins nous croyons être certain que le *V. canina* est une espèce bien distincte du *V. sylvestris*.

Le *V. canina* se rencontre assez fréquemment aux environs de Nancy sur les bords des bois de la plaine et notamment sur les bords du bois de Tomblaine; mais jusqu'ici nous l'avions cherché en vain dans l'intérieur de cette forêt, où le *V. sylvestris* est commun. Cette année, nous avons rencontré abondamment le *V. canina* dans un taillis de 2 à 5 ans, où nous croyons pouvoir affirmer qu'il n'existait pas lorsque le bois avait toute sa croissance; mais notre observation diffère de celle de M. Koch en ce que le *V. sylvestris* bien caractérisé était en société avec lui, circonstance qui s'expliquerait difficilement dans l'opinion émise avec doute, il est vrai, par le

célèbre professeur d'Erlangen. Du reste, si le *V. canina*
n'était qu'une modification du *V. sylvestris*, produite par
l'influence de l'air et du soleil, on devrait également observer cette transformation dans les taillis de nos coteaux
calcaires où l'on trouve abondamment le *V. sylvestris*
et jamais le *V. canina*. Les faits observés par M. Koch
prouveraient donc seulement que le *V. canina* ne croît
pas dans les lieux ombragés, qu'il disparaît dans les
bois élevés pour reparaître lorsqu'on les a coupés; les
habitudes de cette espèce seraient donc les mêmes que
celles du *V. alba*.

Nous ajouterons encore que, depuis les observations
de M. Alex. Braun sur le mode de végétation des *V.
canina* et *sylvestris*, il ne semble plus possible de considérer ces deux plantes comme des variétés d'une même
espèce. L'axe primaire du *V. sylvestris* est contracté,
mais indéterminé et continue à s'accroître indéfiniment,
quoique lentement, par le bourgeon terminal; les fleurs
dans cette espèce ne naissent jamais que sur le troisième
axe. Dans le *V. canina* au contraire, l'axe primaire s'al-
longe et, dès la première année de son existence, donne
des fleurs axillaires; celles-ci sont placées sur le second
axe de végétation. Mais après que la plante les a fournies,
l'axe primaire périt à son sommet et ne s'accroît plus en
longueur; il est dès lors déterminé. Des différences aussi
importantes dans le mode de végétation fournissent des
caractères tranchés pour distinguer désormais les *V.
sylvestris* et *canina*.

GENRE FRAGARIA.

I. M. Koch dans la 2ᵉ édition du *Synopsis* et dans le *Taschenbuch* admet un *Fragaria Hagenbachiana Lang* (1), comme espèce distincte du *Fragaria collina Ehrh.* Nous possédons ces deux formes à Nancy, mais nous ne pouvons pas les considérer comme spécifiquement différentes. M. Koch les distingue de la manière suivante :

« *Fragaria Hagenbachiana* calyce fructui adpresso ; staminibus ovariorum capitulum æquantibus ; pilis petiolorum et caulis horizontaliter patentibus, pedunculorum lateralium, omniumve erectis adpressisque ; foliolis longe petiolulatis, petiolulo intermedio quartam longitudinis partem folii æquante. »

« *Fragaria collina* calyce fructui adpresso ; staminibus plantæ sterilis ovariorum capitulo duplo longioribus ; pilis petiolorum et caulis horizontaliter patentibus, pedunculorum lateralium omniumve erectis adpressisque. » (*Syn.* 2ᵃ ed. p. 445).

Nous ferons observer que dans le genre *Fragaria* la longueur relative des étamines et des ovaires n'est pas un caractère spécifique. Et d'abord la longueur des étamines varie beaucoup dans une seule et même

(1) Cette prétendue espèce est figurée dans le supplément du *Flora Basiliensis* de Hagenbach.

fleur. De plus l'avortement des ovaires, si fréquent dans ce genre, coïncide toujours avec l'allongement des étamines et en est évidemment la conséquence ; c'est aux dépens des ovaires que les étamines s'accroissent démesurément ; c'est là un fait de balancement organique conforme à toutes les idées reçues de tératologie végétale. C'est là précisément la cause qui rend presque toujours stériles dans nos bois les *F. collina* et *elatior* (1). Lorsque les ovaires se développent, on trouve toujours, dans l'une comme dans l'autre de ces deux espèces, les étamines à peu près égales aux ovaires. Une monstruosité ne peut en aucune façon être considérée comme caractère d'espèce.

Les folioles longuement pétiolulées dans le *F. Hagenbachiana*, sessiles au contraire dans le *F. collina*, semblent au premier abord constituer un signe distinctif plus important. Mais en examinant ces deux plantes dans nos bois, où elles croissent en société, j'ai rencontré de nombreux passages de l'une à l'autre ; on trouve des échantillons sur lesquels le pétiolule moyen égale le tiers de la longueur de la foliole ; sur d'autres, il en

---

(1) Les botanistes nancéiens ont depuis longtemps observé la stérilité des *F. collina* et *elatior* sur le sol aride de nos coteaux calcaires. Malgré toutes mes recherches, je n'ai pu trouver qu'une seule fois la première de ces deux espèces fructifiée dans les bois des environs de Nancy, et la seconde n'y porte également fruit que très-rarement ; ces deux plantes fructifient cependant très-bien dans le sol riche de nos jardins.

mesure le quart, le sixième, le dixième, etc. ; sur d'autres enfin les folioles deviennent sessiles. On observe, quoique rarement, les folioles complétement sessiles dans le *F. elatior* et l'on rencontre des *F. vesca* avec les folioles brièvement pétiolulées.

Les folioles étant tantôt sessiles, tantôt pétiolulées dans chacune de nos trois espèces de *Fragaria*, on ne peut plus trouver là un caractère spécifique.

Il faut conclure de ces faits que le *F. Hagenbachiana* n'est pas une espèce ; c'est à peine une variété.

II. Les *Fragaria* ont des feuilles ordinairement munies de trois folioles. Les nervures de la foliole moyenne naissent écartées les unes des autres, marchent parallèles et ne se divisent que très-haut ; aussi cette foliole n'est pas dentée dans son tiers inférieur. Les folioles latérales sont inéquilatères, plus développées du côté externe et dentées dès la base, tronquées obliquement et entières à la base du côté interne ; de ce dernier côté les nervures sont disposées comme dans la foliole moyenne, mais la nervation est différente du côté externe du moins à la base de la foliole ; là les nervures secondaires sont rapprochées, souvent même confondues à leur origine, et se ramifient très-bas. Dans le *Fragaria monophylla* Duchène (*in Lam. Dict.* 2 *p.* 532), la foliole unique présente de chaque côté de la nervure moyenne la même disposition des nervures secondaires que la moitié externe des folioles latérales du *Fragaria vesca* dont il n'est qu'une monstruosité ; cette organisation

anormale est donc évidemment due à la soudure des 3
folioles. Mais le contraire peut avoir lieu, c'est-à-dire
la multiplication des folioles par disjonction : M. Vincent,
pharmacien en chef de l'hôpital militaire de Nancy,
a recueilli cette année au bois de la Croix-Gagnée,
près de Nancy, plusieurs échantillons de *Fragaria
collina*, dont les feuilles ont 5 folioles et ressemblent
aux feuilles de certaines *Potentilles* ; la nervation des
folioles intermédiaires est la même que dans la foliole
moyenne.

GENRE CERATOPHYLLUM.

Chamisso a décrit en 1829 dans le *Linnæa* (*vol.* 4, *p.*
504, *t.* 5, *f.* 6, *a*) une nouvelle espèce de *Ceratophyl-
lum* très-remarquable et surtout bien distincte de ses
congénères. Cependant cette plante avait été recueillie,
il y a plus de vingt ans, aux environs de Nancy, par
Foissey et fut prise par lui pour le *C. demersum;* ses
échantillons étaient restés sous ce nom dans l'herbier de
M. Soyer-Willemet qui cette année les a distingués et
a reconnu en eux le *C. platyacanthum Chamisso.* Cette
plante étant nouvelle pour la flore de Lorraine, nous
croyons devoir la décrire ici comparativement avec le
C. demersum.

C. DEMERSUM *L. Sp.* 1409. — Fleurs axillaires, solitaires, presque sessiles. Fruit dur, corné, noir, ellip-

soïde un peu comprimé, *non ailé, lisse* ou muni de
quelques petites verrues éparses, mais *nullement bossu*
sous le style, armé de trois épines *subulées* et *non dé-*
currentes à leur base ; la terminale (style persistant)
deux fois aussi longue que le fruit et terminée en crochet ; les latérales ordinairement plus courtes, naissant
un peu au-dessus du point d'insertion du pédoncule et
inclinées vers la base du fruit. Feuilles un peu roides,
verticillées par huit, rapprochées, une ou deux fois bipar-
tites ; segments linéaires, tronqués au sommet, munis
d'une épine dressée sur chacun des angles de la tronca-
ture et sur le dos de dents crochues épineuses ; segments
des feuilles supérieures dilatés. — Plante d'un vert-som-
bre, rameuse.

C. PLATYACANTHUM *Chamisso l. c.* —Se distingue du
précédent aux caractères suivants : fruit plus petit,
moins oblong, moins comprimé, ovoïde, *fortement ailé*
sur les bords, muni sur les faces de *stries longitudinales*
qui convergent vers *une bosse* placée à la base du style ;
épine terminale subulée, plus longue que le fruit et terminée en crochet ; les épines latérales élargies, très-
comprimées, *décurrentes* à leur base, insérées plus
haut que dans l'espèce précédente et *inclinées vers le*
sommet du fruit ; segments des feuilles supérieures non
élargis.

Il est difficile que deux espèces se distinguent par des
caractères plus saillants et plus nombreux.

GENRE TORILIS.

I. Le nom de *Torilis Anthriscus* a été donné par les auteurs à deux plantes bien différentes. Gmelin dans le *Flora Badensis-alsatica* (*T.* 1 *p.* 616) a fait du *Tordy-lium Anthriscus L.* son *Torilis Anthriscus,* nom géné-ralement admis aujourd'hui et qui pour cela doit être conservé ; mais c'est à tort, selon nous, que Gmelin l'a choisi. Avant lui Gærtner avait donné ce même nom à une plante d'un autre genre, au *Scandix Anthriscus L.,* dont Persoon a fait depuis l'*Anthriscus vulgaris.* Il ne peut exister à cet égard aucun doute ; l'*Anthriscus vulgaris* de Persoon est bien le *Torilis Anthriscus* de Gærtner ; la figure que ce dernier auteur donne de sa plante et l'ex-cellente description qui l'accompagne, rendent le fait de la dernière évidence. Cette similitude de nom devait avoir l'inconvénient de faire confondre deux espèces, et c'est en effet ce qui est arrivé. Mertens et Koch dans le *Deutsch-lands Flora* donnent le *Torilis Anthriscus Gmel.* comme synonyme du *Torilis Anthriscus Gærtn.;* mais c'est évidemment par inadvertance que ces habiles botanistes ont fait cette confusion, car dans le même ouvrage ils ont mis le synonyme *Torilis Anthriscus Gærtn.* à sa véritable place en l'attribuant aussi à l'*Anthriscus vul-garis Pers.* Nous n'aurions pas signalé cette erreur, rectifiée du reste par M. Koch dans la 2ᵉ édition du *Synopsis* et dans le *Taschenbuch,* si elle n'avait pas été

reproduite, et par nous dans notre Flore lorraine, et par
la plupart des auteurs français et allemands qui, dans ces
derniers temps, ont publié des catalogues ou des flores
locales. Il faut donc lire dans notre ouvrage : *Torilis
Anthriscus Gmel., non Gærtn.*

Nous sommes certain en effet que notre plante lorraine est celle de Gmelin, bien que la description don-
née par cet auteur ne soit pas très-caractéristique; mais
notre plante est identique avec l'espèce de *Torilis* la plus
commune dans le Duché de Bade et à Strasbourg, localité
citée par Gmelin. Ces paroles de Spenner : *Fructus ova-
lis, aculeis curvatis, aculeolis minutissimis scabris,
apice acutis, non uncinatis* (*Fl. friburg. p.* 621) lève-
raient du reste tous les doutes, s'il pouvait en exister,
sur l'identité de la plante badoise avec la nôtre. Notre
plante est également le *Torilis Anthriscus* de Hoffmann,
qui donne une analyse du fruit (*Umb. gen.* 1, *p.* 51,
tab. 1, *f.* 18) et en décrit ainsi les aiguillons : *Aculeis
seminum incurvis scabris apiculatis.* Nous ne pouvons
pas douter non plus que notre espèce ne soit celle décrite sous le même nom par Mertens et Koch, qui disent
positivement : *die Frucht oval, die Stacheln schlank,
gekrümmt von feinen Zäckchen scharf, am Ende
spitz*, etc. (*Deutsch. Fl.* 2. *p.* 564).

II. Quelques auteurs modernes réunissent les *Torilis
Anthriscus* et *helvetica*, comme variétés d'une même
espèce. Si l'on considère en effet les caractères d'après

lesquels les auteurs ont distingué ces deux plantes, on se convaincra que quelques-unes des différences, données comme spécifiques, sont loin d'être constantes. Et d'abord le nombre des folioles de l'involucre peut varier : nous avons vu plusieurs échantillons de *T. helvetica*, pourvus d'un involucre tripbylle ; M. Döll (*Reinische Flora p.* 727) de son côté affirme que le *T. Anthriscus* se présente quelquefois avec un involucre à deux et à une foliole et même sans involucre; nous possédons des échantillons dont l'involucre n'a que trois folioles. Le sommet des aiguillons des fruits présente aussi quelques variations; la pointe qui termine ces aiguillons dans le *Torilis Anthriscus* est quelquefois courbée en bas et semble alors insérée latéralement; d'une autre part, dans le *Torilis helvetica*, on n'observe pas toujours au sommet des aiguillons plusieurs pointes réfléchies, il n'en existe quelquefois qu'une seule dirigée horizontalement, quelquefois même redressée et paraissant terminale; ces diverses variations se rencontrent sur un seul et même fruit. Il est dès lors assez difficile dans certains cas de distinguer par là nos deux espèces de *Torilis*. Mais, si l'on examine avec soin leurs fruits mûrs, on y reconnaîtra des différences tellement tranchées, que l'on pourrait peut-être affirmer que certains genres d'Ombellifères sont basés sur des caractères moins importants. Plusieurs de ces caractères distinctifs ayant été négligés par les auteurs, nous croyons utile de décrire de nouveau ces deux espèces.

Torilis Anthriscus *Gmel. Bad.* 1, *p.* 615, *non Gærtn.;*
Tordylium Anthriscus L. Sp. 346 ; *Caucalis An-*
thriscus Sm. Brit. 1 *p.* 298. — Ombelle à 5-12 rayons;
involucre à 5 folioles, plus rarement moins; ombellules
planes à involucelle polyphylle et égalant les pédicelles.
Fleurs petites, rougeâtres, ou plus rarement blanches,
presque régulières. Etamines égalant les pétales ou plus
longues ; anthères purpurines. Styles purpurins , une
fois plus longs que le stylopode, *réfléchis* en dehors, toujours dépourvus de poils à leur base. Stylopode à la fin
saillant et formant deux protubérances *coniques.* Fruits
verts, puis grisâtres, ovoïdes, un peu rétrécis au sommet,
couverts d'aiguillons; ceux-ci courbés en arc à concavi-
té interne, *non épaissis au sommet,* terminés par une
petite pointe roide ordinairement dressée , pourvus sur
tout le reste de leur longueur de petites pointes dirigées
en bas ; côtes primaires non saillantes, dépourvues de
poils et ne se voyant bien que sur le fruit très-mûr ;
commissure *concave, lancéolée, munie de deux bande-*
lettes, bordée de chaque côté par une côte marginale
glabre. Graine légèrement concave sur la face interne,
nullement réfléchie par les bords qui *s'écartent* l'un
de l'autre. Feuilles d'un vert grisâtre, à la fin purpurines,
rudes au toucher, pétiolées, bipinnatiséquées ; segments
oblongs ou lancéolés, cunéiformes à la base, incisés-
dentés, le segment moyen des feuilles supérieures souvent très-allongé. Tige rude au toucher, roide, dressée,
sillonnée surtout vers le haut, rameuse; rameaux étalés-

2

dressés. Racine pivotante, jaunâtre. — Plante couverte
de poils appliqués, ordinairement élancée et atteignant
5-8 décim. , mais pouvant rester naine avec des nœuds
très-rapprochés et simulant alors la forme la plus ha-
bituelle de l'espèce suivante. C'est donc à tort que beaucoup d'auteurs distinguent les deux espèces par leur
taille et par leur port.

TORILIS HELVETICA *Gmel. Bad.* 1 *p.* 617; *Scandix in-*
festa L. Syst. 12ᵃ *ed.* 5 *p.* 732; *Caucalis infesta Sm.*
Brit. 1, *p.* 299. — Ombelle à 2-8 rayons; involucre nul,
ou monophylle, rarement à 2-3 folioles; ombellules con-
vexes, à involucelle polyphylle dépassant les pédicelles.
Fleurs blanches, plus rarement rougeâtres; celles de la
circonférence plus grandes, *très-irrégulières*, rayon-
nantes. Etamines plus courtes que les pétales; anthères
jaunâtres. Styles jaunes, une fois plus longs que le stylopode, *étalés-dressés*, toujours pourvus de poils roides à
leur base. Stylopode peu saillant, formant un disque el-
liptique, *plane.* Fruits verts ou d'un vert-noirâtre, ovoï-
des-oblongs, non rétrécis au sommet, deux fois plus gros
que dans l'espèce précédente, couverts d'aiguillons; ceux-
ci droits, *épaissis au sommet,* pourvus sur toute leur sur-
face de petites aspérités et au sommet d'une ou plus souvent de plusieurs pointes dirigées en bas; côtes primaires
non saillantes et se reconnaissant par une ligne de poils
blancs et couchés dont elles sont couvertes; commissure
très-étroite, exactement linéaire, canaliculée, *dépour-*
vue de bandelettes, bordée de chaque côté par une côte

marginale velue. Graine *fortement réfléchie* par les bords qui *se rapprochent* l'un de l'autre. Feuilles analogues à celles de l'espèce précédente. Tige moins évidemment sillonnée. Racine blanche, pivotante.—Plante non moins polymorphe que la précédente; tantôt peu élevée, très-rameuse dès la base, formant un petit buisson à rameaux et pédoncules courts divariqués (*T. helvetica* α *divaricata D. C. Prod.* 4 *p.* 219); tantôt élancée, à tige simple inférieurement, se divisant supérieurement en rameaux allongés dressés (*T. helvetica* β *anthriscoides D. C. l. c.*).

GENRE ARTEMISIA.

L'existence de l'*Artemisia camphorata* sur le coteau de Westhalten près de Rouffach (Haut-Rhin) semblait être une anomalie, cette plante n'ayant été vue jusque là en France et en Allemagne que dans des provinces plus méridionales. M. Larzillière vient de la rencontrer sur les coteaux calcaires des environs de Saint-Mihiel, où nous étions loin de la soupçonner. Comme elle n'est pas indiquée dans notre Flore de Lorraine, nous allons en donner la description :

A. CAMPHORATA *Vill. Dauph.* 3 *p.* 242; *A. corymbosa Lam. Dict.* 1, *p.* 265. — Calathides pédicellées, penchées, formant une grappe terminale plus ou moins rameuse ; péricline globuleux, un peu velu, à folioles internes ovales, arrondies et largement scarieuses au sommet. Réceptacle *muni de poils crépus.* Feuilles plus ou moins velues et blanchâtres, pétiolées, *auriculées* à la base, bipinnatifides ou les supérieures pinnatifides, à segments linéaires. Tiges florifères ascendantes, plus ou moins rameuses; tiges stériles couchées.

GENRE OROBANCHE.

La plupart des auteurs, qui ont étudié d'une manière spéciale les Orobanches, s'accordent tous à considérer la couleur du stigmate dans les espèces de ce genre comme un caractère très-important. Nous appuyant à cet égard de leurs observations, nous avons cru avec eux ce caractère constant; cela nous a conduit à admettre comme espèce nouvelle l'*Orobanche Ligustri*, plante qui ne diffère de l'*Orobanche Galii* que par la couleur jaune-citron du stigmate et la teinte pâle de tous les autres organes. Cette année, MM. Suard et Royer m'ont fait voir des échantillons assez nombreux d'*Orobanche epithymum*, croissant en plein soleil dans une localité aride du vallon de Champigneules près de Nancy, parmi lesquels on trouvait pêle-mêle des échantillons à stigmate d'un pourpre foncé et d'autres à stigmate tout à fait jaune. Or, il n'est pas possible d'en douter, ces deux formes appartiennent à l'*Orobanche epithymum;* elles croissent ensemble sur le *Thymus Serpillum*, et l'on ne peut saisir entre elles aucune autre différence que la couleur du stigmate et la teinte générale de toute la plante.

Il suit de là : 1° que la couleur du stigmate des Oro-

banches peut varier ; 2o que l'*O. Ligustri* n'est qu'une
variété de l'*O. Galii*.

GENRE VERBASCUM.

Les auteurs sont loin d'être d'accord sur la plante à laquelle il faut donner le nom de *Verbascum Thapsus*. Cela
vient de ce qu'il existe deux espèces de ce genre, fort
communes dans presque toute l'Europe , auxquelles
s'applique également bien la phrase spécifique de Linnée :
Verbascum foliis decurrentibus utrinque tomento-
sis. Ces deux plantes, dont l'une est à petites fleurs et
l'autre à grandes fleurs, ont été confondues par beaucoup d'auteurs; et ceux qui les ont considérées, et avec
raison, comme espèces distinctes, ont donné tantôt à
l'une, tantôt à l'autre le nom de *Verbascum Thapsus*.

La plante, nommée ainsi par Linnée dans le *Flora*
suecica, paraît être l'espèce à petites fleurs; Fries (*Nov.*
Mant. 2, p. 14) n'a rencontré qu'elle dans les localités où
Linnée indique en Suède son *Verbascum Thapsus*. Il
en a conclu avec Schrader, Wahlenberg, Gaudin, Rei-
chenbach, Wimmer et la plupart des botanistes modernes que ce nom devait lui être conservé, et il a admis
après Schrader celui de *Verbascum thapsiforme* pour
l'espèce à grandes fleurs.

Cependant Linnée a dû connaître cette dernière; rare
il est vrai en Suède, elle est commune dans toute l'Europe méridionale et tempérée ; elle avait été décrite et

figurée par les botanistes qui ont précédé l'auteur du système sexuel, notamment par J. Bauhin (*Hist.* 3 *p.* 871), par Fuchsius (*Hist.* 848), par Tournefort (*Inst. rei herb.* 1 *p.* 146 *et Hist. des plantes* 2 *p.* 276), etc. Dans le *Hortus Cliffortianus,* Linnée cite le synonyme de J. Bauhin : *Verbascum vulgare flore luteo , magno , folio maximo.* En outre, Smith , possesseur de l'herbier de Linnée, décrit évidemment sous le nom de *Verbascum Thapsus* l'espèce à grandes fleurs; dans le *Flora britannica,* il dit le stigmate en massue (*stigma clavatum*) et dans l'*Englisch Flora* il dit les fleurs grandes (*leage*).

Linnée a donc confondu les deux espèces, puisque, les connaissant toutes deux, il n'en a décrit qu'une seule. Mais depuis qu'on les a distinguées, à laquelle fallait-il réserver le nom de *Verbascum Thapsus?* C'est évidemment à l'espèce à grandes fleurs, à l'espèce officinale. C'est en effet à son *Verbascum vulgare flore luteo, magno, folio maximo* que J. Bauhin (*l. c.*) applique cette phrase, copiée dans Dalechamp : *Officinæ Tapsum aut potius Taxum nominarunt.* Tournefort (*Inst. rei herb.* 1 *p.* 146 *et Hist. des plantes* 2 *p.* 276) indique aussi l'espèce à grandes fleurs comme étant la plante officinale, il signale les propriétés qu'on lui attribuait de son temps et ajoute : « on l'appelle communément *Thapsus barbatus.* » Geoffroy (*Mat. méd.* 10, *p.* 277) considère aussi l'espèce de J. Bauhin comme étant le Bouillon blanc officinal ; seulement il y ajoute , comme également employé en médecine, un second *Verbascum*, dans lequel il est facile de reconnaître par les synonymes cités le *Verbascum phlomoides*. Le nom de *Thapsus* ayant été donné avant Linnée à l'espèce à grandes fleurs, nous pensons que, contrairement à l'opinion de la plupart des auteurs modernes, c'est elle qui doit conserver le nom de *Verbascum Thapsus* et qu'avec Meyer, il faut donner celui de *Verbascum Schraderi* à l'espèce à petites fleurs.

L'examen que nous avons fait sur le vif de nos espèces de *Verbascum*, pendant le cours de cet été, nous a permis de saisir entre elles des caractères distinctifs importants qui n'ont pas été signalés dans la Flore de Lorraine; nous avons cru nécessaire d'en modifier les descriptions. Nous avons en outre rencontré deux espèces hybrides, nouvelles pour notre flore, et nous les décrirons ici.

V. Schraderi *Mey. Chlor. Hanov.* p. 326; *Koch. Syn.* 1.ᵉ ed. p. 510 et *Taschenb.* p. 368; *V. Thapsus Schrad. Monog.* p. 17; *Fries Nov. Mant.* 2, p. 14. — Fleurs fasciculées, disposées en épi serré; pédicelles *presque nuls* au moment de la floraison, trois fois plus courts que le calice au moment de la fructification. Corolle petite, *concave.* Les deux étamines inférieures à filets glabres ou munis d'une ligne étroite de poils du côté interne, à anthères *insérées obliquement, quatre fois plus courtes* que leurs filets, mais *égalant* en longueur les autres anthères; étamines supérieures munies sur leurs filets de poils laineux, blancs, *non épaissis en massue*. Style *cylindrique*; stigmate en tête, *non décurrent* sur les côtés. Capsule *ovoïde*. Feuilles un peu épaisses, superficiellement crénelées et fortement cotonneuses sur les deux faces; feuilles inférieures oblongues-elliptiques, atténuées en pétiole ; les caulinaires moyennes et supérieures aiguës, *décurrentes sur la tige jusqu'à l'insertion de la feuille immédiatement inférieure*. Tige roide, dressée, ailée.—Plante d'un vert-jaunâtre, couverte d'un tomentum épais ; fleurs jaunes.

α *Genuinum Nob*. Feuilles dressées, un peu écartées; tige d'un mètre, ordinairement simple, munie d'ailes planes.

β *Major Nob*. Feuilles très-étalées, nombreuses et rapprochées; tige atteignant deux mètres et plus, souvent rameuse au sommet et munie d'ailes larges et ondulées.

V. Thapsus *L. Sp*. 252 (*ex parte*); *Gouan Hort. Monsp. p*. 103; *Mey. Chlor. Hanov. p*. 325; *V. thapsiforme Schrad. Monog. p*. 21.—Fleurs fasciculées, disposées en épi souvent très-long; pédicelles *presque nuls* au moment de la floraison, trois fois plus courts que le calice au moment de la fructification. Corolle grande, *plane-rotacée*. Les deux étamines inférieures à filets glabres, à anthères *insérées latéralement*, une fois ou *une fois et demie plus courtes* que leurs filets, mais *plus longues* que celles des étamines supérieures; celles-ci à filets munis de poils blancs laineux et fortement *épaissis en mas-*

suc. Style élargi en *spathule au sommet;* stigmate *lon-guement décurrent* sur les bords du style et formant *un* V renversé. Capsule *ovoïde.* Feuilles un peu épaisses, fortement crénelées, cotonneuses sur les deux faces; les inférieures oblongues-elliptiques, mucronulées, atténuées en pétiole; les caulinaires moyennes et supérieures lancéolées–acuminées, *décurrentes sur la tige jusqu'à l'insertion de la feuille immédiatement inférieure.* Tige roide, dressée, simple ou rameuse au sommet, ailée. — Plante tomenteuse; fleurs jaunes.

α *Genuinum Nob.* Feuilles très-étalées, nombreuses et rapprochées; tige munie d'ailes ondulées; fleurs en épi serré; plante robuste. *V. Thapsus Fl. de Lorr.* 2, *p.* 137.

β *Cuspidatum Nob.* Feuilles dressées, écartées; tige munie d'ailes planes; fleurs en épi lâche, interrompu; plante moins élevée. *V. cuspidatum Fl. de Lorr. l. c.*

Nota. La var. β ressemble à s'y méprendre à la var. α du *V. Schraderi,* si on fait abstraction des fleurs. Cette circonstance m'avait porté à y voir une espèce intermédiaire entre les deux précédentes; mais l'examen de nombreux échantillons m'a convaincu que la direction des feuilles et l'épi plus ou moins serré sont des caractères variables; on trouve des intermédiaires entre les deux variétés du *V. Thapsus,* de même qu'il en existe entre les deux variétés du *V. Schraderi.*

V. PHLOMOIDES *L. Sp.* 255. — Ressemble à l'espèce précédente par la grandeur de ses fleurs, par la conformation du style et du stigmate, par la disposition des

anthères et le *hirsuties* des filets. Mais l'épi est presque
toujours lâche et interrompu ; les bractées sont plus
grandes et longuement acuminées ; les feuilles radicales
sont fortement et doublement crénelées, les caulinaires
sessiles et *brièvement décurrentes ou demi-décurrentes.*

V. RAMIGERUM *Schrad. Monogr. p.* 34 ; *V. Thapsi-
formi-lychnitis Schied. De pl. hyb. p.* 38. — Fleurs
fasciculées, disposées au sommet de la tige et des rameaux en épis grêles, interrompus ; pédicelles *presque
aussi longs* que le calice, même au moment de la floraison. Corolle *plane-rotacée*, assez grande. Les deux
étamines inférieures à filets munis d'une ligne de poils
du côté interne, à anthères *insérées obliquement, quatre fois plus courtes* que leurs filets, mais *égalant* en
longueur les autres anthères ; les étamines supérieures
munies sur leurs filets de poils laineux, blancs, *épaissis
en massue.* Style *s'élargissant un peu* vers le haut ;
stigmate épaissi et arrondi au sommet, *décurrent* sur
les côtés du style, mais beaucoup moins que dans le *V.
Thapsus.* Capsule *ovoïde.* Feuilles fortement crénelées,
brièvement tomenteuses sur les deux faces ; les inférieures oblongues-elliptiques, insensiblement *atténuées
à la base ;* les caulinaires moyennes et supérieures lancéolées acuminées, *un peu décurrentes* sur la tige ; les
raméales embrassantes, non décurrentes. Tige dressée,
ordinairement rameuse, quelquefois même presque dès
la base. — Est une hybride des *V. Thapsus* et *Lychnitis ;*
il se rapproche du premier par son port et par ses fleurs,

qui toutefois sont un peu moins grandes ; et du second
par son aspect blanchâtre, par ses feuilles et par sa tige
anguleuse.

Hab. Bitche : *Schultz* ; Nancy (Champigneules).

Nota. A l'exemple de Linnée, de Schrader, de Schiede, de M.
Koch, etc., j'ai cru devoir décrire comme espèces les *Verbascum*
hybrides ; ils tiennent à la fois des espèces génératrices par des caractères importants et il serait fort difficile de les rapporter à l'une
plutôt qu'à l'autre. Cela est surtout vrai pour le *V. ramigerum*.

V. spurium *Koch Syn.* 1ª ed., *p.* 511. — Fleurs fasciculées, disposées au sommet de la tige et des rameaux
en épi interrompu, allongé et grêle ; pédicelles *plus
courts* que le calice au moment de la floraison. Corolle
plane-rotacée presque aussi grande que celle du *V.
Schraderi*. Les deux étamines inférieures à filets munis
d'une ligne de poils du côté interne, à anthères *insérées
presque transversalement, beaucoup plus courtes* que
leurs filets, mais *égalant* les autres anthères ; étamines
supérieures munies sur leurs filets de poils laineux,
blancs, *épaissis en massue*. Style *cylindrique ;* stigmate
en tête, *non décurrent*. Capsule *ovoïde*. Feuilles superficiellement crénelées, cotonneuses des deux côtés ; feuilles inférieures oblongues-elliptiques, *atténuées en pétiole ;* les caulinaires moyennes et inférieures lancéolées,
brièvement décurrentes. Tige roide, dressée, munie au
sommet de quelques angles peu saillants. — Cette plante
rappelle le *V. Lychnitis* par son port, et le *V. Schraderi* par la grandeur de ses fleurs et le tomentum de

ses feuilles. Les anthères sont plus petites que celles
du *V. Schraderi* et plus grandes que celles du *V.
Lychnitis.*

Cette plante rare n'a été rencontrée qu'une seule fois par M.
Koch dans le Palatinat ; nous en avons trouvé deux pieds dans les
carrières au-dessus de Villers-les-Nancy , en société des seuls.
V. Schraderi et *Lychnitis,* dont elle est considérée comme hybride
par M. Koch.

V. Lychnitis *L. Sp.* 235. — Fleurs fasciculées, disposées au sommet de la tige et des rameaux en épis nombreux, interrompus et formant par leur réunion une
grappe pyramidale ; pédicelles *une fois plus longs* que
le calice au moment de la floraison, jamais cachés dans
un duvet laineux. Corolle *plane-rotacée,* ordinairement maculée de violet vers la gorge. Tous les filets des
étamines munis de poils laineux, blancs, *épaissis en
massue ; toutes* les anthères *insérées transversalement.*
Style *cylindrique ;* stigmate en tête, *globuleux.* Capsule
ovoïde. Feuilles vertes et un peu velues en dessus, grisâtres et brièvement tomenteuses en dessous ; les radicales *atténuées en pétiole,* oblongues-elliptiques, aiguës
ou obtusiuscules, fortement et doublement crénelées ;
les caulinaires inférieures pétiolées ; les supérieures *sessiles, non embrassantes, ni décurrentes,* lancéolées,
acuminées. Tige roide, dressée, arrondie à la base, fortement sillonnée-anguleuse dans le haut, ordinairement
rameuse au sommet ; rameaux anguleux, étalés-dressés.
— Plante d'un vert grisâtre, d'un aspect poudreux,

munie d'un tomentum étoilé plus court que dans les
espèces précédentes ; fleurs jaunes, d'un blanc jaunâtre
ou tout à fait blanches (*V. album Mœnch Meth. p.*
447 ; *V. Leucanthemum Léon Dufour !*).

V. floccosum *Waldst. et Kit. Pl. rar. Hung.* 1, *p.*
81, *t.* 71. — Ce *Verbascum* est le seul de nos espèces
lorraines que je n'ai pas pu examiner vivant cette année.

V. Schiedeanum *Koch Taschenb. p.* 371 ; *V. nigro-
lychnitis Schied. De pl. hybrid. p.* 40. — Fleurs fasciculées, disposées au sommet de la tige et sur les rameaux
en épis nombreux, roides, interrompus et formant par
leur réunion une longue grappe pyramidale ; pédicelles
grêles, *une fois et demie aussi longs* que le calice au
moment de la floraison. Corolle petite, *plane-rotacée.*
Tous les filets des étamines munis de poils violets et
épaissis en massue ; toutes les anthères *insérées transversalement.* Style *cylindrique ;* stigmate *arrondi,* en
tête. Capsule *ovoïde.* Feuilles d'un vert obscur et pubes-
centes en dessus, grisâtres et brièvement tomenteuses
en dessous ; les inférieures lancéolées aiguës, *atténuées
en pétiole* et munies de larges crénelures ; les feuilles
moyennes arrondies à la base et très-brièvement pétiolées ; les supérieures *sessiles,* non décurrentes, *non embrassantes,* longuement acuminées. Tige roide, dressée,
arrondie à la base, pourvue supérieurement de côtes
aiguës saillantes et rapprochées, rameuse au sommet ;

rameaux allongés, anguleux, étalés-dressés.—C'est une hybride des *V. nigrum* et *Lychnitis*. Les fleurs sont jaunes, maculées de violet à la gorge.

Rare; Nancy (vallon de Champigneules). Juillet 1844.

V. NIGRUM *L. Sp.* 253. — Fleurs fasciculées, disposées au sommet de la tige en un long épi interrompu ; pédicelles très-grêles, *une fois plus longs* que le calice au moment de la floraison. Corolle petite, *plane-rotacée*. Tous les filets des étamines munis de poils violets et *un peu épaissis en massue ; toutes* les anthères *insérées transversalement*. Style *s'épaississant un peu* vers le sommet ; stigmate *arrondi, faiblement décurrent* sur les côtés du style. Capsule *ovoïde*. Feuilles d'un vert sombre et un peu velues en dessus, plus ou moins tomenteuses en dessous ; les radicales longuement pétiolées, lancéolées, *creusées en cœur à la base,* doublement et fortement crénelées ; les caulinaires supérieures seules *sessiles, arrondies à la base*, acuminées. Tige dressée, simple ou rameuse, arrondie inférieurement, munie supérieurement d'angles saillants. — Fleurs jaunes, maculées de violet à la gorge.

V. BLATTARIA *L. Sp.* 254. —Fleurs non fasciculées, disposées en une grappe terminale simple, lâche, allongée, pourvue de poils glanduleux ; pédicelles grêles, solitaires, étalés, *une fois plus longs* que le calice. Corolle grande, *plane-rotacée,* munie à la gorge de poils violets. Tous les filets des étamines munis de poils violets et *fortement épaissis en massue ;* anthères des étamines inférieures *insérées latéralement.* Style *cylindrique ;* stigmate *arrondi ,* non décurrent. Capsule *globuleuse.* Feuilles glabres, luisantes, inégalement et profondément dentées ; les radicales oblongues, sinuées-dentées, *atténuées en un court pétiole ;* les caulinaires moyennes et supérieures *sessiles, demi-embrassantes.* Tige roide, dressée, faiblement anguleuse au sommet, simple ou plus souvent rameuse. — Fleurs jaunes.

FIN.